FORSCHUNGSBERICHTE DES LANDES NORDRHEIN-WESTFALEN

Nr. 1822

Herausgegeben

im Auftrage des Ministerpräsidenten Heinz Kühn

von Staatssekretär Professor Dr. h. c. Dr. E. h. Leo Brandt

Oskar Oldenroth

Wäschereiforschung Krefeld e. V.

Untersuchungen über die Hautfettaufnahme und -auswaschbarkeit sowie Vergilbungserscheinungen durch Resthautfettanteile an Unterwäsche aus Baumwoll-, Polyamid-, Polyester- und Polyacrylnitrilfasern

Springer Fachmedien Wiesbaden GmbH

ISBN 978-3-663-06553-1 ISBN 978-3-663-07466-3 (eBook)
DOI 10.1007/978-3-663-07466-3

Verlags-Nr. 011822

Ursprünglich erschienen bei Westdeutscher Verlag, Köln und Opladen 1967

Inhalt

Einleitung

Während des Gebrauches von Wäschestücken, etwa Unterhemden, die direkt mit der Körperoberfläche in Berührung stehen, kommt es zu einer verstärkten Aufnahme der üblichen durch die Hautfunktion bedingten Ausscheidungen. Beim vorliegenden Arbeitsthema interessieren vorrangig die an der Hautoberfläche vorhandenen Epidermis- bzw. Drüsen-Lipoide, die sich während einer Gebrauchsperiode in Unterhemden ansammeln.

Zu den organischen Bestandteilen des Schweißes gehört das Hautoberflächenfett. Nach F. HERMANN [1] besteht zwischen dem Schweißwasser und dem Hautfett eine Neigung zur Emulsionsbildung. Somit ist unter der Sammelbezeichnung »Schweiß« eine Emulsion von Lipoiden in Wasser bzw. von Wasser in Lipoiden zu verstehen.

In mehreren Abhandlungen [2, 3, 4] wurde bereits über die Aufnahme von Hautoberflächenfett und das Verbleiben von Restfett in Geweben nach Waschbehandlungen berichtet. Bei Geweben aus Baumwolle, Polyamid und Polyester wurde erkannt, daß durch das eingebrachte Hautfett nach Waschbehandlungen in dem Baumwollgewebe hohe restliche Hautfettmengen verbleiben, während das Hautfett aus den Synthesefasern auf Polyamid- und Polyesterbasis weitgehend auswaschbar ist.

Zu gleichen Feststellungen kamen R. WAGG und C. BRITT [5], die die Auswaschbarkeit der mit radioaktiven Isotopen markierten Fette an Geweben aus verschiedenartigen Fasermaterialien bearbeitet haben. Weiterhin berichtet E. ZEIDLER [6], daß Hautfett aus Synthesefasern leicht auswaschbar ist, während in der Baumwollfaser bemerkenswerte Restfettmengen verbleiben.

In den Abhandlungen [2] und [3] wurde bereits ausgesprochen, daß die Polyamid- und Polyesterfasern keine lipophilen Eigenschaften erkennen lassen. Dieses wird in den Abhandlungen [5] und [6] bestätigt und in den nachfolgenden Ausführungen weiterhin belegt. Trotzdem wurden unverständlicherweise noch in jüngster Zeit erschienenen Veröffentlichungen Hinweise gegeben, daß die Synthesefasern bemerkenswert lipophil sein sollen.

Hauptteil

1. Aufgabenstellung

Während in den vorgenannten Veröffentlichungen über Laboratoriumsarbeiten berichtet worden ist, soll nunmehr durch umfangreiche Trageversuche die Aufnahme von Hautoberflächenfett, sowie die nach Waschbehandlungen in den Geweben verbleibenden restlichen Hautfettmengen bestimmt werden. Weiterhin werden die bei diesen Arbeiten anfallenden Hautfette mittels Dünnschicht- und Gas-Chromatographie sowie IR-Analysen identifiziert [7].
Außer den Trage- und Waschversuchen gelangten zur weiteren Vervollständigung auch noch Laboratoriumsversuche zur Ausführung.

2. Versuchsanordnung

2.1 Gebrauchsbeanspruchung

Aus Baumwoll-, Polyamid-, Polyester- und Polyacrylnitrilgewebe wurden Unterhemden angefertigt. Diese Unterhemden sind von vier Personen jeweils eine Woche bei Tag und Nacht getragen worden. Von jeder Faserart standen für den einzelnen Träger drei Unterhemden zur Verfügung.

2.2 Waschbehandlung

Nach den Gebrauchsbeanspruchungen erfolgte das Waschen im Kessel in nullgrädigem Wasser bei 30, 60 bzw. 90°C, d. h., die Unterhemden wurden bei den vorgenannten Badtemperaturen in die Waschlösungen, Flottenverhältnis 1:30, eingelegt. Die Waschzeit betrug jeweils 30 min, wobei nach jeweils 10 min die Hemden mit einem Gummistampfer bearbeitet wurden. Als Waschmittel fanden 5 g/l eines Gemisches, bestehend aus 1 g TPBS, 1 g Pyro-, 1 g Tripolyphosphat und 2 g Metasilikat · 5 H_2O, Anwendung. Bleichmittel (Peroxide) und optische Aufheller wurden bewußt nicht gebraucht.
Nach dem Spülen und Zentrifugieren sind die Hemden bei Zimmertemperatur getrocknet worden. Von einer Hitzenachbehandlung, wie Plätten oder Mangeln, wurde zur Vermeidung nachteiliger Beeinflussungen der in den Geweben verbliebenen Restfette Abstand genommen.
Insgesamt wurde jedes Hemd fünfmal getragen und gewaschen. Daran anschließend fand die Ermittlung des in den Geweben verbliebenen, nicht auswaschbaren, restlichen Hautfettes durch Extraktion mit Benzol : Methanol (9:1) statt.

3. Ergebnisse

3.1 Vorbehandlung der Prüfstücke

Vor dem Tragen der Unterhemden wurden dieselben zweimal bei 95°C gewaschen, daran anschließend mit Benzol : Methanol extrahiert.
Eine derartige Vorbehandlung hat als eine unbedingte Notwendigkeit zu gelten, um unerwünschte Begleitsubstanzen aus den Geweben zu entfernen, da dieselben anschließende Analysenergebnisse verfälschen können.

Tab. 1 Extraktionsrückstände je Unterhemd (Neuware) nach zwei Waschbehandlungen (95°C)

Benzol : Alkohol (9:1)	Baumwolle %	Polyamid %	Polyester %	Polyacrylnitril %
löslicher Anteil (Fett–Wachs)	0,24	0,14	0,07	3,5
unlöslicher Anteil (Oligomere)	Spuren	0,23	0,05	0,12

In der Tab. 1 sind die bei der Extraktion der neuen Unterhemden erhaltenen Begleitstoffe aufgeführt, wobei eine summarische Unterteilung in lösliche Anteile (Fette–Wachse) und unlösliche Anteile (Oligomere bzw. Monomere) vorgenommen worden ist. Eine Zweitextraktion ergab keine nennenswerten Auszugsrückstände. Bei den löslichen Anteilen ist auf den unerwarteten, überaus hohen Fettgehalt bei dem Polyacrylnitrilgewebe hinzuweisen. Der aus dem Baumwollgewebe erhaltene Anteil besteht vorwiegend aus Baumwollwachs.
Bei den unlöslichen Anteilen fällt der relativ hohe Gehalt an Oligomeren des Polyamidgewebes auf.

Tab. 2 Hautfettmengen aus 1 Woche getragenen Unterhemden

Träger	Baumwolle in g	Polyamid in g	Polyester in g	Polyacrylnitril in g
I	2,53	1,58	1,71	2,30
II	2,73	1,64	1,90	2,28
III	3,08	1,80	2,10	2,40
IV	3,37	1,82	2,09	2,85
Mittel	2,93	1,61	1,97	2,46

In der Tab. 2 werden die während einer Tragezeit (1 Woche) von den Unterhemden aufgenommenen Hautfettmengen wiedergegeben. Hier fällt auf, daß die Unterhemden der Träger I und II geringere Hautfettmengen als die Unterhemden III und IV aufweisen. Dieses dürfte in den verschiedenartigen Körperkonstitutionen der Träger begründet sein.
Die während einer 24stündigen Gebrauchszeit von den Hemden aufgenommenen Hautfettmengen betragen bei den Niedrigstwerten (Träger I) und den Höchstwerten (Träger IV):

Tab. 3

	Baumwolle in g	Polyamid in g	Polyester in g	Polyacrylnitril in g
Träger I	0,36	0,22	0,24	0,33
Träger IV	0,48	0,26	0,30	0,41

Diesen Ergebnissen folgend haben die Unterhemden aus Baumwolle und Polyacrylnitril vergleichsweise die größeren Hautfettanteile aufgenommen.
Wiederholt ist uns die Frage vorgelegt worden, ob durch die Extraktion mit Benzol: Methanol in allen Fällen das während des Gebrauches in die Textilien gelangte Hautfett quantitativ erfaßt wird.

Tab. 4 Quantitative Bestimmung der auf verschiedene Faserstoffe aufgebrachten Hautfettmengen nach unterschiedlicher Lagerungszeit

	Baumwolle		Polyamid		Polyester	
	Einwaage in g	Auswaage in g	Einwaage in g	Auswaage in g	Einwaage in g	Auswaage in g
1 Tag gelagert	2,018	2,041	1,387	1,376	1,239	1,236
8 Tage gelagert	2,143	2,198	1,252	1,291	1,269	1,272

Zur Beantwortung dieser Frage haben wir auf Gewebeabschnitte vorausbestimmte Hautfettmengen aufgebracht und die Gewebe nach einer Lagerung von 1 bzw. 8 Tagen durch Extraktionen zurückgewonnen. Wie die Vergleichsergebnisse, Tab. 4, ausweisen, konnten die eingewogenen Fettmengen durch die Extraktionen zu 100% von den Fasermaterialien wiedergewonnen werden.

3.2 Bestimmung der Restfettmengen sowie der Weißgrad- bzw. Gelbwertänderungen an getragenen und gewaschenen Unterhemden

An den Unterhemden wurden nach fünf Tragebeanspruchungen und den vorstehend beschriebenen Waschbehandlungen die verbliebenen Restfettmengen sowie die Weißgrad- und Gelbwertänderungen bestimmt, die in der Abb. 1 wiedergegeben werden. Bei diesen Meßergebnissen handelt es sich jeweils um Mittelwerte aus den vier Unterhemden der einzelnen Versuchsreihen.

Besonders zu erwähnen sind die hohen Restfettmengen in den Baumwollhemden. Demgegenüber sind die Restfettgehalte in den Unterhemden aus Polyamid-, Polyester- und Polyacrylnitrilhemden vergleichsweise sehr gering. Auf Grund der von Herrn Dr. Bey [7] ausgeführten Analysen wurde erkannt, daß bei den Restfettmengen auch noch Anteile waschaktiver Substanz beteiligt sind.

Bei den vier Faserstoffen hat das Waschen bei 30° C die größten Restfettmengen bedingt. Das Waschen bei 60° C erbrachte eine bessere Auswaschbarkeit und somit

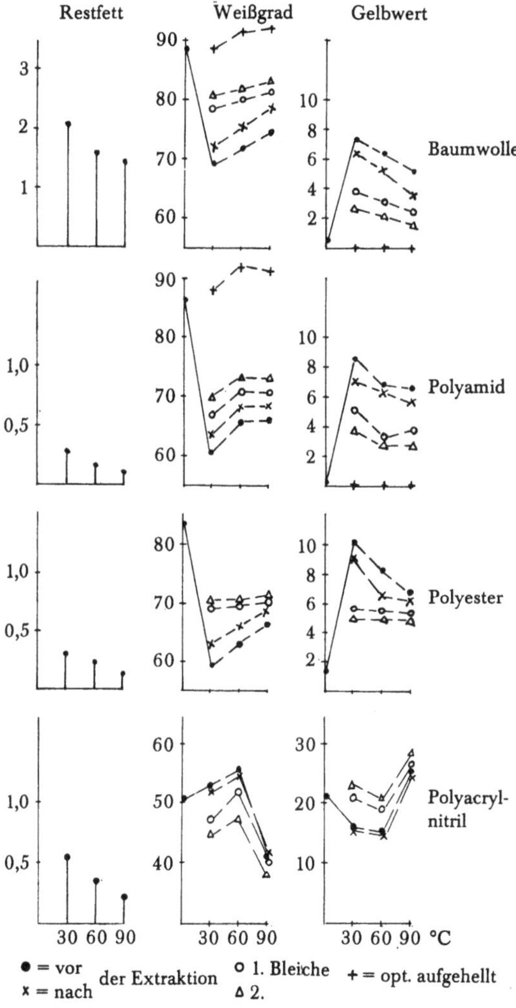

Abb. 1 Restfett-, Weißgrad- und Gelbwertänderung nach fünfmaligem Tragen und Waschen. (Mittelwerte aus jeweils vier Unterhemden)

eine gewisse Erniedrigung des Restfettgehaltes. Die Temperatursteigerung auf 90°C hat im Vergleich zur 60°C-Wäsche den Restfettgehalt nur unwesentlich gemindert.

Diese den Praxisbedingungen angeglichenen Versuche stellen im Vergleich zu den Laboratoriumsarbeiten [2] bis [4] erneut unter Beweis, daß die Baumwollfaser etwa die sieben- bis zehnfach höhere Menge an Restfett in Gegenüberstellung zu den Synthesefasern zurückhält.

Weiterhin haben wir die im Verlaufe der Gebrauchsbeanspruchung eingetretene Weißgrad- und Gelbwert-Änderung bestimmt. Den größten Weißgradabfall bzw. den größten Gelbwertanstieg, mit Ausnahme bei dem Polyacrylnitrilgewebe, hat das Waschen bei 30°C bedingt. Die Steigerung der Waschtemperaturen auf 60 bzw. 90°C erbrachte merkliche Verbesserungen in den Meßwerten. Weitere Anstiege des Weißgrades bzw. Erniedrigungen der Gelbwerte wurden durch die Extraktionen (Entfernung des Restfettes) bzw. durch das zweimalige Bleichen mit Peroxid bewirkt.

Durch die einmalige Behandlung der Baumwoll- und Polyamidunterhemden in einer Lösung, die nur optische Weißtöner enthielt, stieg der Weißgrad über den Ausgangswert an, wodurch andererseits der Gelbanteil gelöscht worden ist.

Da für das Polyester- und Polyacrylnitrilgewebe kein für diese Anwendungsbedingungen geeigneter optischer Weißtöner vorlag, konnte eine solche Nachbehandlung an den Unterhemden aus diesem Faserstoff nicht ausgeführt werden.

Ein völlig abweichendes Verhalten in der Weißgrad- und Gelbwertänderung weisen die Polyacrylnitrilhemden auf. Die gelbstichige Neuware hatte den niedrigen Weißgrad von 50 und den relativ hohen Gelbwert von 20. Hierdurch bedingt ist der Weißgrad bzw. Gelbwert durch die Waschbehandlungen bei 30 und 60°C etwas verbessert worden. Eine auffällige Verschlechterung der Werte trat durch das Waschen bei 90°C ein, da die Waschbäder stark alkalisch, pH etwa 10,8, eingestellt waren. Auch die alkalische heiße Peroxidbleiche verschlechterte die Weiß- und Gelbwerte.

Auf Grund der Faserart war mit der Verschlechterung des Aussehens des Polyacrylnitrilgewebes bei den alkalischen Behandlungen im Bereich der Kochtemperatur zu rechnen, jedoch sollte zum Studium der Fettauswaschbarkeit die allgemeine Verfahrenstechnik dieser Versuchsreihe nicht geändert werden.

3.3 Anmerkungen zu den Meßergebnissen

a) Fettauswaschbarkeit

Sind in der Abb. 1 die im Verlaufe von fünf Kesselwäschen erhaltenen durchschnittlichen Restfettmengen aus je vier Hemden wiedergegeben, so sollte in einer weiteren Versuchsreihe geklärt werden, ob und wieweit die verbliebenen Restfettmengen durch weitere drei Wäschen in einer Trommelwaschmaschine bei 95°C gesenkt werden können. Bei dieser Gelegenheit wurde weiterhin die Restfettverteilung auf der Vorder- bzw. Rückseite der Unterhemden überprüft.

Tab. 5

Wasch-tempe-ratur in °C	Träger	I Restfett-menge in g	II Restfettmenge nach drei Maschinenwäschen bei 95° C Vorder-seite in g	 Rücken-seite in g	III Gesamt-menge in g	IV Differenz von I zu III in g	 in %
30	2	1,80	0,52	0,65	= 1,18	= 0,62	34,5
	4	1,96	0,54	0,76	= 1,30	= 0,66	34,7
60	2	1,44	0,46	0,54	= 1,04	= 0,40	28,0
	4	1,73	0,58	0,76	= 1,31	= 0,42	29,3
90	2	1,18	0,40	0,46	= 0,85	= 0,33	28,0
	4	1,50	0,46	0,67	= 1,13	= 0,37	24,7

Zur Gegenüberstellung gelangten je ein Baumwollunterhemd des Trägers 2 und 4. Bei den in der Tab. 5 unter I angegebenen Restfettmengen handelt es sich um die bei den dreimaligen Tragebeanspruchungen und den darauf folgenden Kesselwäschen in den Hemden verbliebenen Fettanteile. Unter II werden die nach dreimaligem Waschen in einer Trommelwaschmaschine noch vorhandenen Restfette, aufgeteilt in die Vorder- und Rückseite der Hemden, wiedergegeben. Diese unter verstärkter mechanischer Bearbeitung durchgeführten Waschbehandlungen ohne zusätzliche Tragebeanspruchungen sollten zeigen, ob und wieweit Restfettanteile beim Waschen bei 90° C zu erniedrigen sind. In der Rubrik III sind die nach den drei maschinellen Nachwäschen noch vorhandenen Restfettmengen eingetragen. Rubrik IV gibt die ausgewaschenen Fettmengen bzw. prozentualen Erniedrigungen wieder.
Wie diese Versuchsergebnisse ausweisen, ist die vollständige Entfernung des im Verlaufe wiederholter Gebrauchsbeanspruchungen angereicherte Restfett aus den Baumwollhemden, selbst durch verstärkt einwirkende Mechanik, nicht möglich.

b) Durchschnittswerte von Hautfettextrakten aus getragenen Unterhemden

Die im Verlaufe dieser Arbeit erhaltenen Hautfettextrakte wurden von K. Bey [7] (II. Teil) analysiert. Die ermittelten Durchschnittswerte sind in der Tab. 6 wiedergegeben.
Der bei der Polyamidware festgestellte hohe Anteil an wasserlöslicher Substanz dürfte auf das Vorhandensein an oligomeren und monomeren Faseranteilen zurückzuführen sein.
Auf Grund dieser Analysendaten ist festzustellen, daß das während einer Trageperiode von den Textilien aufgenommene Hautoberflächenfett und das nach dem

Tab. 6

Substanz	Baumwolle getragen, ungewaschen in %	Baumwolle getragen, gewaschen in %	Polyamid in %	Polyester in %	Polyacrylnitril in %
Hautfettmenge	2,9	1,7	0,3	0,3	0,4
Wasserlösliches	1,6	1,3	43,4	1,2	4,3
Petrolätherlösliches	3,7	0,3	0,3	4,2	1,2
freie Fettsäure	16,6	5,5	7,4	7,2	6,9
Petrolätherlösliches = 100%					
Kohlenwasserstoffe	4,0	5,4	5,1	5,6	5,9
Squalen	11,5	7,7	7,6	9,2	6,0
Wachs- und Cholesterinester	23,7	19,3	10,2	19,6	16,3
Triglyceride	46,1	43,9	46,3	42,3	39,8
Mono/Diglyceride, Fettalkohole und Rest	14,7	23,7	30,8	23,3	32,6

Waschen verbliebene Restfett in seiner Zusammensetzung keinen markanten Unterschied aufweist, da keine der Komponenten bevorzugt ausgewaschen worden sind.

c) Weißgradänderungen

Um zu vergleichbaren Meßergebnissen zu gelangen, hat es sich bei den Praxisversuchen als zweckmäßig erwiesen, bestimmte Meßzonen festzulegen.
Das vorher Gesagte soll mit der Abb. 2 verdeutlicht werden, in der die Meßwerte aus drei Hemden eines Trägers wiedergegeben werden. In der Hemdenskizze werden die Bereiche der festgelegten Meßzonen angedeutet. In der graphischen Darstellung sind die Meßwerte aus den einzelnen Hemdzonen wiedergegeben. Wie diese Einzelwerte erkennen lassen, ist in den drei Vergleichsmessungen im Bereich der Meßzone I der niedrigste, in dem Bereich IV der höhere Meßwert bestimmt worden, woraus sich die in der Darstellung errechneten Mittelwerte ergeben. Wie diese Besprechung zeigt, werden bereits auf sehr enger Fläche recht unterschiedliche Meßwerte erhalten, so daß die Festlegung bestimmter Meßzonen als unerläßlich angesehen wird.

4. Oberflächenbeschaffenheit der Baumwollfaser

Zur Klärung der Frage, welche mögliche Ursache die hohen Restfettmengen in dem Baumwollgewebe bedingt, haben wir in letzter Zeit umfangreiche mikro-

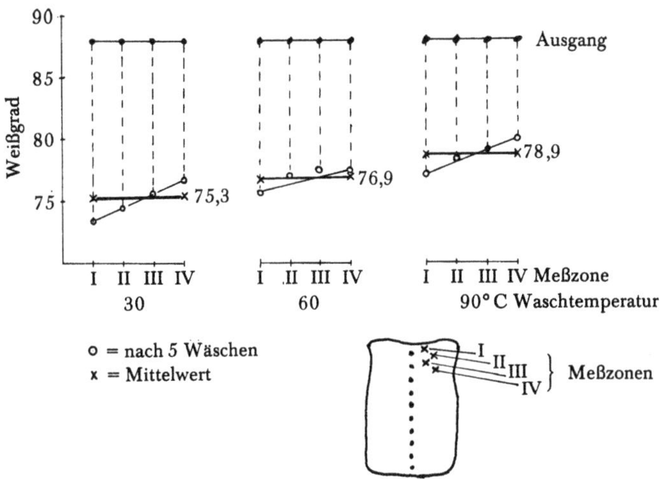

Abb. 2 Weißgrad aus verschiedenen Hemdenbereichen

skopische Studien zur weiteren Klärung der Oberflächenbeschaffenheit ausgeführt [8].

Die Abb. 3 und 4 zeigen Ausschnitte aus Baumwollfasern, die eine große Anzahl von Unebenheiten an der Faseroberfläche aufweisen, die eine Fettspeicherung bzw. Unauswaschbarkeit verständlich werden lassen. Demgegenüber weist die hochmercerisierte Baumwollfaser, Abb. 4, eine absolut glatte Faseroberfläche auf.

Auf Grund dieser mikroskopischen Befunde haben wir ein normales Baumwollgarn und ein hochmercerisiertes Baumwollgarn zur Entfernung unerwünschter Begleitsubstanzen, z. B. Wachs usw., wie bereits erwähnt zweimal gewaschen und

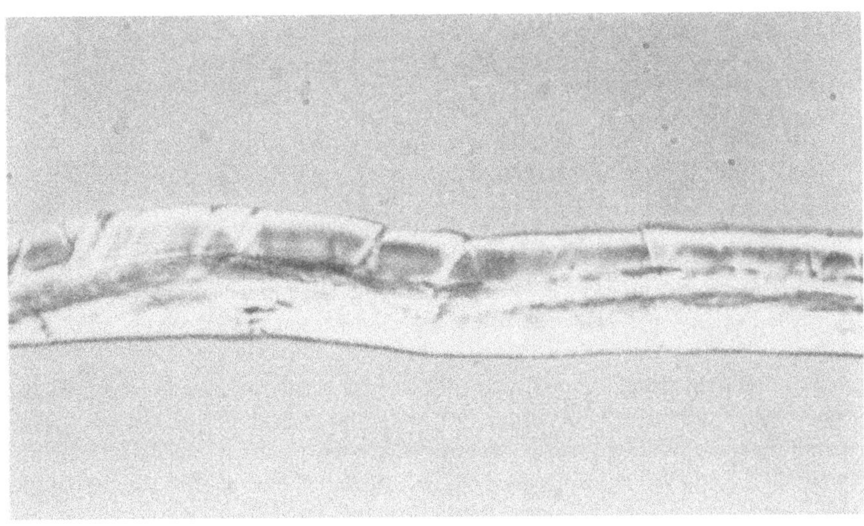

Abb. 3

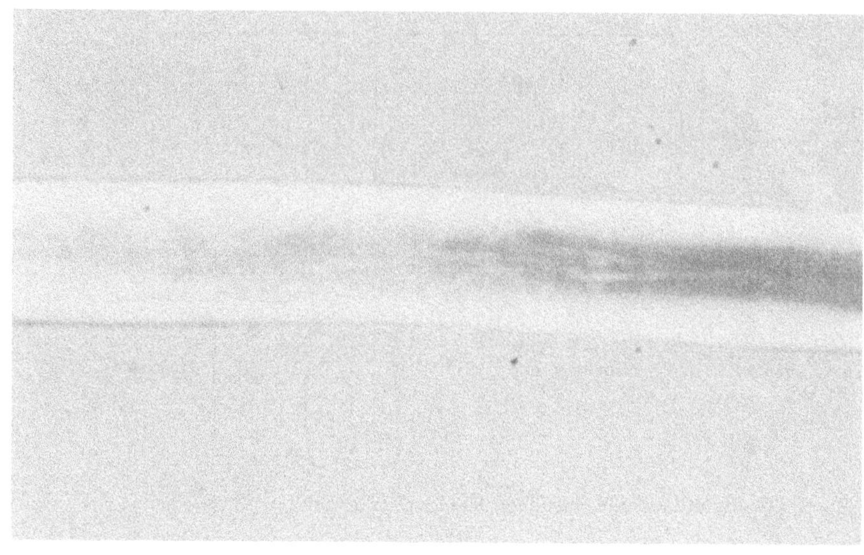

Abb. 4

mit Benzol : Methanol extrahiert. Hieran anschließend wurden die beiden Baumwollgarne zehnmal gefettet und gewaschen.

Die Extraktion ließ folgende Restfettmengen finden:

normales Baumwollgarn	1,4%
hochmercerisiertes Baumwollgarn	0,3%

Mit diesen Befunden dürfte ein aufschlußreicher Hinweis für die ungenügende Auswaschbarkeit des Hautfettes aus der normalen Baumwollfaser erhalten worden sein.

5. Laboratoriumsversuche

5.1 Adsorption von Tetrapropylenbenzolsulfonat (TPBS) im Verlaufe von zehn Waschbehandlungen

Wie bereits bei der Besprechung des Restfettgehaltes vermerkt, wurde bei den Analysenergebnissen [7] erkannt, daß die Extraktionsrückstände außer dem Hautfett auch geringe Anteile von WAS enthalten. Über die Aufnahme von Na-Dodecylbenzolsulfonat durch Baumwolle berichteten J. SCHWARZ und Mitarbeiter [9].

Um zu erkennen, welche Anteile von TPBS die bei dieser Arbeit verwendeten Gewebe aus Baumwolle, Polyamid, Polyester und Polyacrylnitril durch Waschbehandlungen aufnehmen, wurde nachfolgend beschriebene Testreihe ausgeführt. Jeweils 40 g Gewebe der vorbeschriebenen Faserarten wurden durch zwei Waschbehandlungen und anschließende Extraktion mit Benzol : Methanol (9:1) vorgereinigt.

Waschansatz

Wasser:	elektrolytfrei
Flotte:	1:30
Waschmittel:	1 g/l TPBS, 1 g/l Pyrophosphat, 1 g/l Tripolyphosphat, 2 g/l Metasilikat · 5 H_2O
Zeit:	30 min
Temperatur:	30 bzw. 90° C
Anzahl der Waschbehandlungen:	10

Im Verlaufe der zehn Behandlungen wurden durch Extraktion mit Benzol : Methanol folgende WAS-Mengen ermittelt:

Tab. 7

Gewebe	Waschtemperatur 30° C mg/40 g Gewebe	%	Waschtemperatur 90° C mg/40 g Gewebe	%
Krefelder Standard-Baumwolle	17,2	0,043	8,7	0,020
Polyamid	112,7	0,282	131,8	0,329
Polyester	72,3	0,181	59,6	0,148
Polyacrylnitril	60,0	0,150	56,7	0,141

Wie die Ergebnisse Tab. 6 ausweisen, hat das Baumwollgewebe im Verlaufe der zehnmaligen Waschbehandlungen die geringsten WAS-Mengen aus den Waschbädern aufgenommen. Bemerkenswert ist, daß die vergleichsweise höheren Mengenanteile der Synthesefasern durch die miterfaßten Oligomeren und Monomeren bedingt sind.
Aus diesen Befunden geht hervor, daß die bei den Trageversuchen aus den baumwollenen Unterhemden extrahierten höheren Restfettmengen zu fast 100% aus Hautfett bestehen. Bei den aus den synthetischen Fasererzeugnissen erhaltenen weit geringeren Extraktionsrückständen handelt es sich nur zu einem kleineren Anteil um nicht auswaschbares Hautfett.

5.2 Restfettanreicherung

Wie bereits im Verlaufe dieser Arbeiten bekannt wurde, findet in der Baumwollfaser eine verstärkte Anreicherung von nicht auswaschbarem Hautfett statt. Um zu zeigen, in welchen Mengenanteilen die Fettanreicherung stattfindet, wurden vorgereinigte Abschnitte des Krefelder Baumwoll-Standardgewebes insgesamt zwölfmal gefettet und gewaschen. Das Fetten der Gewebeproben wurde derart vorgenommen, daß dieselben in einer 17 g/l Hautfett enthaltenen Tetrachlorkohlenstofflösung getränkt wurden und hierdurch eine Hautfettmenge von etwa 4% auf dem Gewebe vorhanden war. Das Waschen wurde wie bereits beschrieben ausgeführt.

Tab. 8 Restfettanreicherung (Hautfett)

1. Wäsche	0,6%
3. Wäsche	0,8%
6. Wäsche	1,0%
9. Wäsche	1,2%
12. Wäsche	1,3%

Wie diese Ergebnisse zeigen, hat das Gewebe bereits nach der ersten Behandlung vergleichsweise die größte Restfettmenge zurückgehalten. Im Verlaufe der weiteren Behandlungen findet eine weitere Fettanreicherung, wenn auch in kleineren Mengenanteilen, statt.
An dieser Stelle sei vermerkt, daß es bei den Trageversuchen (s. Abb. 1) zu einer höheren Restfetteinlagerung gekommen ist. (Vergleiche die Restfettmenge von 1,4% nach fünf Trage- und Waschbehandlungen bei der Waschtemperatur von 90° C.) Vermutlich findet bei Gebrauchseinflüssen durch den Einfluß von Schweißwasser, Körpertemperatur, eine verstärkte Einarbeitung des Hautfettes in das Gewebe statt.

5.3 Temperatureinfluß auf die Auswaschbarkeit des Hautfettes

Um zu erkennen, ob gesteigerte Waschbadtemperaturen, so von 90 auf 98° C, eine verbesserte Auswaschbarkeit des Hautfettes bedingen, wurden Gewebeabschnitte zwölfmal gefettet und gewaschen, wobei Waschbadtemperaturen von 90, 95 und 98° C ± 1° C eingehalten wurden. Die Gewebeproben wurden während des Waschens zwischenzeitlich mit einer Siebplatte gestampft.

Tab. 9

90° C	95° C	98° C
1,2%	1,3%	1,3% Restfett 1,2%

Den Ergebnissen der Tab. 8 folgend hat die Temperatursteigerung von 90 auf 98° C die Auswaschbarkeit des aufgebrachten Hautfettes nicht verbessert, da die Restfettanteile gleich groß sind.

6. Bestimmung der Autoxidation von Hautoberflächenfett mittels der Peroxidzahl

6.1 Verhalten von Hautfett

Um über den Verlauf der beim Hautfett eintretenden Autoxidationsvorgänge einen Einblick zu erhalten, wurde die Bestimmung der Peroxidzahl (POZ) nach den Vorschriften der DGF-Einheitsmethoden ausgeführt.

Da das Hautfett u. a. größere Anteile ungesättigter Fettsäure enthält, ist mit einer zeitlich ansteigenden Autoxidation zu rechnen, die mittels der POZ zu erfassen ist. Durch Fermenteinwirkung [10] (Lipase) kann es zur Spaltung der vorhandenen Mono-, Di- und Triglyceride zu freien Fettsäuren kommen. Durch die Autoxidation der Fette tritt durch das Ranzigwerden auch eine eigentümliche Geruchsbildung ein.

Die Autoxidationsvorgänge beim Hautfett werden durch Katalyte stark gefördert. Die in das Hautfett durch Umwelteinflüsse eingebrachten Eisenanteile haben wir mit 31–33 mg Fe/kg Hautfett bestimmt. Aus getragenen Unterhemden durch Extraktion gewonnenes Hautfett wies Peroxidzahlen von 4 bis 20 auf.

Eine Hautfettprobe mit der POZ 4 wurde in eine Petrischale dünnschichtig eingebracht und mit einem Uhrglas abgedeckt. Nach einer Verweilzeit von acht Tagen bei Raumtemperatur und gelegentlicher Einwirkung von Sonnenbestrahlung war die POZ auf 297 angestiegen. Nach dem Verweilen der gealterten Hautfettprobe im Trockenschrank bei 120° C traten folgende Erniedrigungen der POZ ein:

Tab. 10

Hautfett 8 Tage Petrischale	POZ 297
30 min Trockenschrank 120° C	POZ 75
60 min Trockenschrank 120° C	POZ 24
120 min Trockenschrank 120° C	POZ 6,5

Eine weitere Hautfettprobe mit einer POZ von 20 wurde, wie vorstehend beschrieben, in einer Petrischale ebenfalls bei Raumtemperatur 8 Tage aufbewahrt, wobei die POZ auf 203 angestiegen ist. Bei der anschließenden Hitzebehandlung (120° C) im Trockenschrank fiel die Peroxidzahl im Verlaufe von 120 min nur auf 60–66 ab. Dieser Befund berechtigt zu dem Hinweis, daß die POZ nur mit Einschränkung und nicht als absolutes Maß für den Oxidationsverlauf anzusehen ist, da bei dem »Gemisch« Hautfett mit dem Ablauf verschiedenartiger Nebenreaktionen zu rechnen ist.

6.2 Änderung der POZ von Hautfett auf Baumwoll- bzw. Polyamidgewebe nach Alterungseinflüssen

In weiteren Versuchsreihen haben wir Hautfett auf das Standard-Baumwollgewebe und ein Polyamidgewebe aufgebracht. Der Mengenanteil betrug 25% vom Gewebegewicht, die POZ 20. Die gefetteten Gewebeabschnitte wurden

14 Tage bei Raumtemperatur freihängend aufbewahrt, daran anschließend extrahiert und die POZ bestimmt.

Tab. 11

Standard-Baumwollgewebe		Polyamidgewebe
1. Versuch	268 — 283 POZ	174 — 189 POZ
2. Versuch	302 — 302 POZ	191 — 200 POZ

Den Doppelbestimmungen nach ist die Peroxidzahl bei dem Baumwollgewebe in Gegenüberstellung zu dem Polyamidgewebe höher ausgefallen. Dieses Verhalten dürfte mit der unterschiedlichen Schichtdicke des auf die beiden Gewebearten aufgebrachten Hautfettes zusammenhängen.

7. Weißgrad- sowie Gelbwertänderung von Geweben durch Hautfett- und Lagerungseinflüsse

Von besonderem Interesse ist die Frage der Weiß- bzw. Gelbtonänderung von Geweben verschiedenartiger Faserstoffe durch unterschiedliche Lagerungsbedingungen. Die verwendeten Gewebe enthielten keine optischen Aufhelleranteile. Auf Baumwoll-, Polyamid-, Polyester- und reaktant ausgerüsteten Baumwollgeweben wurde 1% Hautoberflächenfett, bezogen auf das Warengewicht, aufgebracht. Im Vergleich zu den in der Tab. 2 angegebenen Fettmengen ist die Menge von 1% als praxisüblich zu bezeichnen.

Nach dem Fetten wurde je ein Gewebeabschnitt am Fenster bei starkem Sonnenlicht und je ein zweiter Abschnitt im Trockenschrank bis 60°C (künstliche Alterung) x———x freihängend aufbewahrt. Für Vergleichszwecke wurden auch nicht gefettete Gewebeabschnitte unter den gleichen Bedingungen aufbewahrt .------. bzw. x------x. Nach dem Fetten und den Behandlungseinflüssen wurden die Weißgrad- und Gelbwertänderungen gemessen.

Die Messungen erfolgten mit dem »Elrepho«-Gerät, Zeiss. Der Weißgrad wurde unter Verwendung der Filter mit dem Remissionswert bei der Wellenlänge von 460 nm (B) und 620 nm (R) unter Anwendung der Formel

$$W = 2B - R$$

bestimmt.

Der Gelbwert wurde mit den Tristimilusfiltern und der Formel

$$\frac{x - z}{y}$$

bestimmt.

In der Abb. 5 sind unter 1 = die durch das Fetten der Gewebe eingetretenen Weißgrad- bzw. Gelbwertänderungen wiedergegeben. Hier fällt auf, daß die

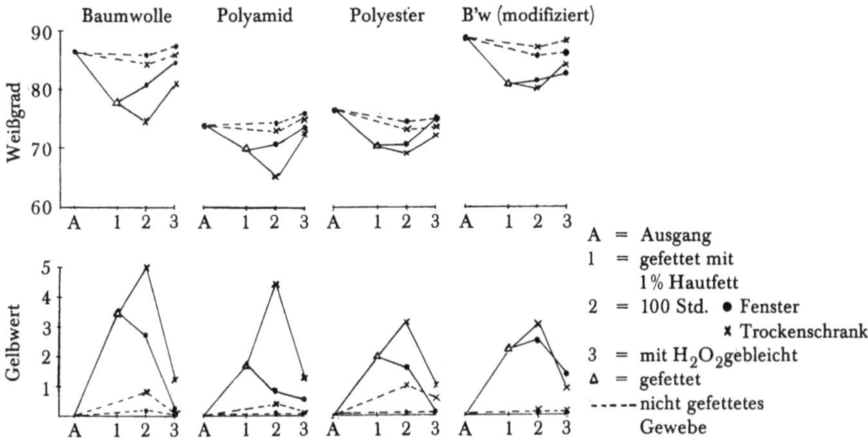

Abb. 5 Weiß- und Gelbwertänderungen durch verschiedene Lagereinflüsse

höchsten Wertänderungen an dem Baumwollgewebe eingetreten sind, das jedoch auch vergleichsweise den höchsten Weißgrad hat.

Nach der Lagerung von 100 Std. sind die Meßwerte 2 der am Fenster der Sonnenlichteinwirkung ausgesetzten Gewebeproben verbessert worden. Diese geringe Verbesserung dürfte durch die eingetretene Bleichwirkung auf das gelbliche Hautfett ausgelöst worden sein. Andererseits sind an allen Gewebeproben, die im Trockenschrank bei 60° C aufbewahrt wurden, Weißgradminderungen bzw. Gelbwertanstiege zu verzeichnen. Demgegenüber sind an den nicht gefetteten, begleitstofffreien Gewebeproben, die dem Tageslicht ausgesetzt waren, keine Weißgrad- und Gelbwertänderungen eingetreten. Dieser Befund zeigt, daß die verwendeten Fasermaterialien, wenn dieselben frei von Ausrüstungsmitteln sind, im Verlaufe von 100 Std. keine Weißtonänderung erfahren. Die bei 60° C gelagerten Gewebeproben weisen einen sehr geringen Weißgradabfall bzw. Gelbwertanstieg auf. Nach der Lagerungszeit haben wir die Gewebeproben einmal mit Peroxid (100 mg/l O_2) gebleicht. Die dem Tageslicht ausgesetzten Gewebeabschnitte aus Baumwolle und Polyester wiesen durch den Bleicheinfluß die Ausgangswerte auf. Dieses wurde bei dem Polyamid- und dem reaktant ausgerüsteten Baumwollgewebe nicht ganz erreicht.

An den im Trockenschrank aufbewahrten Geweben konnten durch die einmalige Bleiche die Ausgangswerte nicht erreicht werden.

Zu ähnlichen Befunden kommen P. Rostas und E. Pailtres [11] und vermerken u. a., daß gesättigte Fettsäuren bei Einwirkung des Lichtes, der Wärme bzw. Lagerung keinen Einfluß auf Nylon 66 erkennen lassen. Ungesättigte Fettsäuren, vor allem Linoleinderivate, bedingen bei Einwirkung von Wärme bzw. Alterung weder eine merkliche Vergilbung noch einen Faserabbau. Es wird angenommen, daß die Vergilbung im Verlaufe der Lagerung bei mäßigen Temperaturen (unter 80° C) in Gegenwart ungesättigter Fettsäuren im wesentlichen auf die Vergilbung der Fettsäuren und nicht der Polyamidfasern zurückzuführen ist. Der Faserabbau scheint auf Freiwerden von Aktivsauerstoff bei der Trocknung der Fettkörper zu beruhen.

8. Einfluß von Squalen auf die Weiß- und Gelbwertänderung an Geweben

Auf Grund der bekannt gewordenen Hautfettanalysen beträgt der Squalenanteil im Hautfett etwa 8–10%.
Um zu erkennen, wie sich dieser ungesättigte Kohlenwasserstoff gegenüber Waschbehandlungen verhält, haben wir Gewebeproben bis zu zwölfmal mit 1% Squalen vom Warengewicht versehen und zwischenzeitlich gewaschen. Den Extraktionsergebnissen folgend war es nicht zu einer Anreicherung, d. h. nennenswerten Restmengen von Squalen auf den Geweben gekommen. Das Baumwollgewebe enthielt beispielsweise nur 0,3% Restsqualen. während beim Arbeiten mit Hautfett 1,3–1,5% Restfett angereichert war. Diese Befunde stellen unter Beweis, daß Squalen relativ leicht und weitgehend auswaschbar ist.
In einer weiteren Versuchsreihe haben wir auf Gewebeabschnitte aus Baumwolle, Polyamid und Polyester Squalen aufgebracht und 100 Tage bei Raumtemperatur dunkel gelagert.
Die Gewebe enthielten 0,15, 0,30 bzw. 0,45% Squalen.
Diese Mengen wurden gewählt, da 8 Tage getragene Unterhemden etwa 3% Hautfett enthalten und darin 0,3% Squalen vorhanden sind. Im vorliegenden Falle haben wir für die Vergleichsversuche den Wert von 0,3% zu 50% unter- bzw. überschritten.
Da die Gewebe nach der Lagerungszeit eine außergewöhnlich starke Gelbtönung angenommen hatten, wurde zur Bestimmung der Weißtonänderung nur das Filter B mit der Wellenlänge von 460 nm verwendet. Wie die Kurvenverläufe der Abb. 6 ausweisen, ist die Weiß- und Gelbwertänderung (1) von der jeweilig vorhandenen Squalenmenge abhängig. Während die Unterschiede bei den Mengen von 0,15 und 0,30% vergleichsweise gering sind, hat der Squalenanteil von 0,45% auffällig verstärkte Meßwertänderungen hervorgerufen.
Das Waschen (2) hat an dem Baumwoll- und Polyestergewebe die Weiß- und Gelbwerte so weit verbessert, daß die jeweiligen drei Meßpunkte recht nahe beieinander liegen. Bei dem Polyamidgewebe sind die Meßpunkte differenzierter ausgefallen, vor allem sind die Gelbwerte nicht so weitgehend wie bei den beiden Vergleichsgeweben verbessert worden.
Das zweimalige Bleichen (3) und (4) mit Peroxid hat bei der Baumwolle den Weiß- und Gelbwert wieder so weit gemindert, daß die Ausgangswerte in etwa erreicht worden sind.
Bei dem Polyamidgewebe sind durch die Bleichbehandlungen nur geringfügige Verbesserungen im Weiß- und Gelbwert eingetreten, jedoch bestehen bis zu den Ausgangspunkten noch bemerkenswerte Abstände, die in etwa mit den vorhandenen Squalenmengen korrespondieren. Dieses Verhalten dürfte mit der nachteiligen Beeinflussung des Squalens durch die Polyamidfaser bedingt sein.

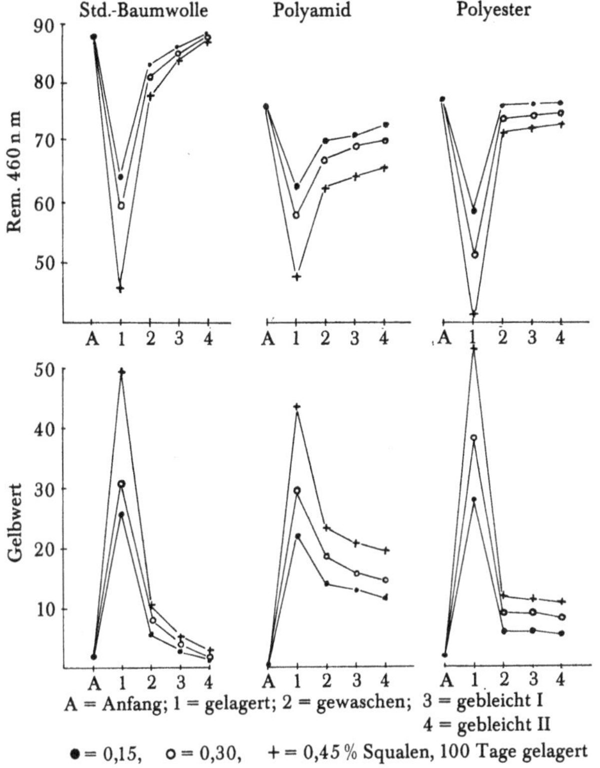

Abb. 6 Weiß- und Gelbwertänderungen durch Squalen

In diesem Zusammenhang sei auf die aus anderen Versuchsreihen erhaltenen Beobachtungen hingewiesen, bei welchen das Squalen aus länger gelagerten Polyamidproben außergewöhnlich schlecht auswaschbar war, weiterhin, daß die Peroxidzahl bis auf etwa 500 angestiegen war, während dieselbe bei dem Baumwollgewebe etwa 300 betrug.

Bei dem Polyestergewebe und der Squalenmenge von 0,15% ist der Ausgangsweißwert wieder erreicht worden. Bei den Mengenanteilen 0,30 und 0,45% Squalen ist diese günstige Verbesserung nicht eingetreten. Demgegenüber weisen die Probegewebe noch einen recht störenden Gelbstich auf. Die Bleichbehandlungen (3) und (4) haben nach dem Waschen (2) keine Weißtonverbesserungen bedingt.

Zusammenfassung

An Unterhemden aus Baumwolle, Polyamid, Polyester und Polyacrylnitril wurden nach einer einwöchigen Tragedauer die während dieser Zeit aufgenommenen Hautfettmengen bestimmt. Die Mittelwerte aus je vier Unterhemden einer Faserstoffart zeigten, daß die Baumwoll- und Polyacrylnitrilhemden etwa 2,7%, die Polyamid- und Polyesterhemden etwa 1,8% Hautfett im Verlaufe der Trageperiode aufgenommen haben.
Zur Klärung der Frage, ob die in die Gewebe eingebrachten Hautfettanteile nach unterschiedlichen Lagerungszeiten durch die Extraktion mit Benzol-Methanol (9:1) quantitativ erfaßt werden, haben wir bestimmte Hautfettmengen auf Gewebe aus Baumwolle, Polyamid und Polyester aufgebracht und nach ein- sowie achttägiger Lagerung extrahiert. Die zurückerhaltenen Fettmengen entsprachen zu 100% den jeweiligen Einwaagemengen.
An fünfmal getragenen und gewaschenen Unterhemden aus verschiedenartigen Textilfasern wurde erkannt, daß bei der Waschtemperatur von 30°C noch erhebliche Anteile von Resthautfett in den Geweben verbleiben. Eine Steigerung der Waschtemperatur auf 60°C bedingte eine merklich bessere Auswaschbarkeit des Hautfettes, während die Temperaturerhöhung auf 90°C die Entfernbarkeit des Hautfettes nur noch geringfügig steigerte.
Das Baumwollgewebe weist in Gegenüberstellung zu den Geweben aus Synthesefasern im Verlaufe wiederholter Trage- und Waschversuche die sieben- bis zehnfach höhere Resthautfettmenge auf.
Der stärkste Weißgradabfall bzw. Gelbwertanstieg war beim Waschen von 30°C eingetragen. Die Erhöhung der Waschtemperatur auf 60 bzw. 90°C bedingte merklich verbesserte Meßergebnisse.
An Hand von Analysen der Hautfettextrakte wurde erkannt, daß zwischen der Zusammensetzung des während des Tragens in die Textilien gelangten Hautfettes und des nach dem Waschen verbleibenden Restfettes kein nennenswerter Unterschied besteht. Hiermit ist der Nachweis erhalten, daß durch die Wascheinflüsse keine selektive Auswaschbarkeit des Hautfettes stattfindet.
Um zu erkennen, ob das in Baumwollhemden angereicherte Restfett durch Waschen vollständig entfernbar ist, wurden die restfetthaltigen Hemden dreimal in einer Trommelwaschmaschine nachgewaschen. Der Restfettgehalt wurde um etwa 25–35% gesenkt, jedoch betrug der nicht auswaschbare Restfettanteil noch 1% vom Warengewicht.
Bei mikroskopischen Untersuchungen von Baumwollfasern wurde festgestellt, daß normale Fasern eine recht ungleichmäßige Oberfläche aufweisen. Hiermit wird die Vermutung ausgesprochen, daß die vorhandenen Faserunebenheiten im Gegensatz zur glatten Oberfläche einer mercerisierten Baumwolle die erschwerte Auswaschbarkeit des Hautfettes bedingen können.

Um die während der Lagerung von Hautoberflächenfett einhergehende Autoxidation zu erkennen, wurde dieselbe mittels der Peroxidzahl (POZ) bestimmt. Im Verlaufe von 8 Tagen stieg die POZ von 4 auf etwa 300 an.
Gewebe aus Baumwolle, Polyamid und Polyester, die 1% Hautoberflächenfett enthielten, sowie fettfreie Gewebeproben wurden 100 Std. dem Licht- bzw. Temperatureinfluß (60° C) ausgesetzt. Durch die Tageslichteinwirkung wurde die durch die Hautfetteinbringung stattgefundene Weiß- und Gelbwerterniedrigung verbessert. Demgegenüber bedingte das Verweilen der Proben im Trockenschrank eine auffällige Verschlechterung des Weißgrades und des Gelbwertes. Die nicht gefetteten Gewebeproben wiesen keine nennenswerten Meßwertänderungen auf.
Gewebeproben, die 0,15–0,45% Squalen – ein Bestandteil (8–10%) des Hautfettes – enthielten, wiesen nach einer längeren Lagerung starke Minderungen der Weiß- und Gelbwerte auf. Durch Wasch- und Bleichbehandlungen war die an dem Baumwollgewebe eingetretene Vergilbung fast vollständig aufzuheben. An dem Polyamidgewebe war durch das Waschen und Bleichen nur eine geringfügige, an dem Polyestergewebe eine etwas günstigere Verbesserung erreicht worden.

Literaturverzeichnis

[1] Hermann, F., Hausarzt 5, 91 (1954).

[2] Oldenroth, O., Wäschereitechnik und -chemie 10, 430 (1957).

[3] Oldenroth, O., Wäschereitechnik und -chemie 11, 317 (1958).

[4] Oldenroth, O., Fette, Seifen, Anstrichmittel 61, 1142, 1220 (1959); 62, 13 (1960).

[5] Wagg, R. E., und E. J. Britt, Journal of the Textile Institute 53, T 205 (1962).

[6] IV. Internationaler Koloristenkongreß, Budapest 1962.

[7] Bey, K., Fette, Seifen, Anstrichmittel (I. Teil) 65, 611 (1963); (II. Teil) 66, 539 (1964).

[8] Nettelnstroth, K., und O. Oldenroth, Ztschr. f. d. ges. Textilindustrie 65, 48 (1964).

[9] Schwarz, J., Fette, Seifen, Anstrichmittel 64, 57 (1962).

[10] Rippel-Baldes, A., Grundrisse der Mikrobiologie, 2. Aufl. (1952), Springer-Verlag.

[11] Rostas, O., und E. Pailtres, Bulletin de l'Institute Textile de France 498, 7–27 (1962); [ref. Textil-Praxis 17, 843 (1962)].

GPSR Compliance
The European Union's (EU) General Product Safety Regulation (GPSR) is a set of rules that requires consumer products to be safe and our obligations to ensure this.

If you have any concerns about our products, you can contact us on

ProductSafety@springernature.com

In case Publisher is established outside the EU, the EU authorized representative is:

Springer Nature Customer Service Center GmbH
Europaplatz 3
69115 Heidelberg, Germany

www.ingramcontent.com/pod-product-compliance
Ingram Content Group UK Ltd.
Pitfield, Milton Keynes, MK11 3LW, UK
UKHW061701190726
13853UKWH00008B/2333

* 9 7 8 3 6 6 3 0 6 5 5 3 1 *